Copyrite 2013

michael richard craig

all hakki kebewa. Wani gunki daga wannan littafi a sanya, adana a retrieval tsarin, ko transmitted da kowane, masu amfani da wuta, inji da, photocopying suna rubutawa, ko ba haka ba ne, ba a rubuce izinin mawalafin. .

Godiya ta musamman ga abubuwan al'ajabi, da abubuwan al'ajabi, Allah ya aikata abubuwa masu ban al'ajabi, so matarsa carol. Madafarki da amincewa a, gare ku da ni tun da muka yara ya fi na ce a gare ni, fiye da na iya bayyana.

Maganar, "Da

Maikel richard craig.

1   2

5   6

  9

3 4

7 8

10

A

1

silly

fuska

Biyu

2

silly

fuskoki

Uku

3

silly

fuskoki

Hudu

4

silly

fuskoki

Biyar 5 silly fuskoki

Shida

6

silly

fuskoki

Bakwai

7

silly

fuskoki

Takwas

8

silly

fuskoki

Tara

9

silly

fuskoki

Goma

10

silly

fuskoki

Karshe.

Barka

da aiki.

Wadannan fuskokinsu daga gudunmawa ,da yawa fuskokin Michael richard craig" wannan shi ne na farko a cikin goma yawan fayafayan kaddamar da kidaye saunanci fuskoki da ɗari.

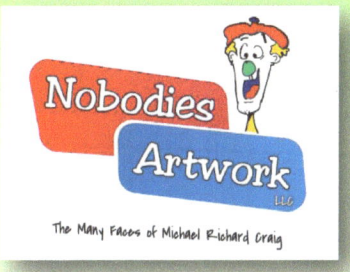

Nobodiesinc@yahoo.com

TeeGeeBeeTeeGee